BIOGRAFÍAS de pioneros STEM

ACTIVISTA AMBIENTAL
WANGARI MAATHAI

JENNIFER SWANSON

ediciones Lerner ◆ Mineápolis

Título original: *Environmental Activist Wangari Maathai*

La traducción al español fue realizada por Zab Translation.

ediciones Lerner
Una división de Lerner Publishing Group, Inc.
241 First Avenue North
Mineápolis, MN 55401, EE. UU.

Si desea averiguar acerca de niveles de lectura y para obtener más información, favor consultar este título en www.lernerbooks.com.

Fuente del texto del cuerpo principal: Adrianna Regular.
Fuente proporcionada por Chank.

Las imágenes de este libro cuentan con el permiso de: © Wendy Stone/Corbis Historical/Getty Images, pp. 4, 23; © ERIC FEFERBERG/AFP/Getty Images, p. 5; Images of Africa Photobank/Alamy Stock Photo, p. 6; REUTERS/Tom Kirkwood TK/RS/Alamy Stock Photo, p. 9; © Keystone/Getty Images, p. 10; Jon Bilous/Alamy Stock Photo, p. 11; © GIANLUIGI GUERCIA/AFP/Getty Images, p. 14; © TONY KARUMBA/AFP/Getty Images, pp. 15, 18, 20; © SIMON MAINA/AFP/Getty Images, pp. 16, 27; blickwinkel/Poelking/Alamy Stock Photo, p. 19; ANTONY GITONGA/REUTERS/Newscom, p. 21; Green Stock Media/Alamy Stock Photo, p. 22; © The-time-line/Wikimedia Commons (CC BY-SA 3.0), p. 24; REUTERS/Alamy Stock Photo, p. 25; USGS/NASA Landsat, p. 26.

Portada: © Wendy Stone/Corbis Historical/Getty Images.

Library of Congress Cataloging-in-Publication Data

Names: Swanson, Jennifer, author.
Title: Activista ambiental Wangari Maathai / Jennifer Swanson.
Other titles: Environmental activist Wangari Maathai. Spanish
Description: Minneapolis, MN : ediciones Lerner, [2022] | Series: BIOGRAFÍAS de pioneros STEM | Includes bibliographical references and index. | Audience: Ages 7–11 | Audience: Grades 4–6 | Summary: "Wangari Maathai grew up in Kenya, where she learned the value of the natural world around her. As an adult, she fought for the environment and women's rights and earned the Nobel Peace Prize. Now in Spanish!"— Provided by publisher.
Identifiers: LCCN 2021055035 (print) | LCCN 2021055036 (ebook) | ISBN 9781728474434 (library binding) | ISBN 9781728475196 (paperback) | ISBN 9781728475202 (ebook)
Subjects: LCSH: Maathai, Wangari—Juvenile literature. | Tree planters (Persons)—Kenya—Biography—Juvenile literature. | Green Belt Movement (Society : Kenya)—Juvenile literature. | Women conservationists—Kenya—Biography—Juvenile literature.
Classification: LCC SB63.M22 S9318 2022 (print) | LCC SB63.M22 (ebook) | DDC 333.72096762—dc23/eng/20211110

LC record available at https://lccn.loc.gov/2021055035
LC ebook record available at https://lccn.loc.gov/2021055036

Fabricado en los Estados Unidos de América
1-52039-50552-11/8/2021

CONTENIDO

Capítulo 1

CONECTARSE CON LA TIERRA

Wangari Maathai nació el 1 de abril de 1940, entre los árboles verdes y las amplias llanuras de Kenia. Luego hizo cosas increíbles por su país y su pueblo. Se convirtió en la primera mujer en África central y oriental en obtener un diploma avanzado de la universidad. Maathai fue una gran defensora de los derechos de la mujer y trabajó por la igualdad de trato para las mujeres durante toda su vida. También lideró el Movimiento Cinturón Verde, una de las principales revoluciones medioambientales de África. En 2004, se reconoció a Maathai por sus logros con el Premio Nobel de la Paz. Fue la primera mujer africana en recibir este honor.

Maathai estrecha la mano de Ole Mjoes, presidente del comité del Premio Nobel.

Maathai era miembro del pueblo Kikuyu, el principal grupo étnico de Kenia. Nació durante la temporada de lluvias en el pequeño pueblo de Ihithe. La lluvia alimentaba los arroyos y lagos. Le daba vida a los árboles, los animales y las personas. El amor de Maathai por la naturaleza y su determinación por ayudar a los demás la convertirían en una activista de fama mundial y una vocera del medioambiente.

Una madre y su hijo Kikuyu posan para una foto frente a su hogar. Kenia es el hogar de millones de Kikuyu.

CONVERSACIÓN TÉCNICA

"Cuando era niña, solía visitar el punto donde el agua burbujeaba desde el vientre de la tierra para formar un arroyo. Me imagino que muy pocas personas han tenido la suerte de ver el nacimiento de un río".

—Wangari Maathai

PRIMEROS AÑOS

Wangari era la tercera de seis hermanos, y la mayor de las niñas. Su padre era un agricultor arrendatario. Cultivaba cosechas y las vendía al dueño británico de la tierra. El dueño de la tierra ganaba mucho más dinero que el padre de Wangari. Aun así, su padre amaba la tierra que cultivaba. Wangari también la amaba.

Wangari pasó los primeros años de su vida como muchas jóvenes kenianas. Ayudaba a su madre a cuidar a sus hermanas menores y realizaba otras tareas domésticas. Wangari lo observaba todo, especialmente los árboles. Conocía los arbustos, los arroyos y los animales.

AGRICULTURA DE ARRENDAMIENTO

Los agricultores arrendatarios cultivan y cosechan tierras que no son de su propiedad. Los agricultores arrendatarios eran habituales en África a mediados del siglo XX. En ese momento, Gran Bretaña controlaba Kenia. Después de la Primera Guerra Mundial (1914–1918), el gobierno británico le cedió tierras en Kenia a muchos británicos adinerados. Los nuevos propietarios contrataron a agricultores arrendatarios para que trabajaran la tierra.

UNA OPORTUNIDAD MARAVILLOSA

Cuando Wangari tenía siete años, ella y su madre se mudaron a Nyeri, Kenia, donde los hermanos mayores de Wangari iban a la escuela. Se suponía que ella debía ayudar a su madre a preparar las comidas para la familia y hacer otras tareas del hogar.

En la década de 1940, no era común que las niñas de Kenia fueran a la escuela. La mayoría trabajaba con sus madres en el hogar. Pero Wangari también quería ir a la escuela. Tenía preguntas sobre todo. Principalmente, se interesaba por las plantas y los animales. Wangari tenía su propio jardín, donde cultivaba maíz y frijoles. Solía mirar a las mariposas y las abejas zumbar alrededor de sus cultivos. Anhelaba saber más sobre las formas en que las plantas, los animales y las personas interactuaban entre sí y dependían de los otros.

Uno de los hermanos de Wangari comprendió que tenía muchas preguntas. La persuadió para ir a la escuela, y su madre aceptó. Entonces, a los ocho años de edad, Wangari comenzó la caminata diaria de 3 millas (4,8 km) hasta la escuela. La larga caminata no le molestaba. Esperaba que la escuela la ayudara a aprender más sobre la naturaleza y cómo crecen las cosas.

Las granjas que cultivan granos de café son una parte importante de la economía de Nyeri.

Capítulo 2

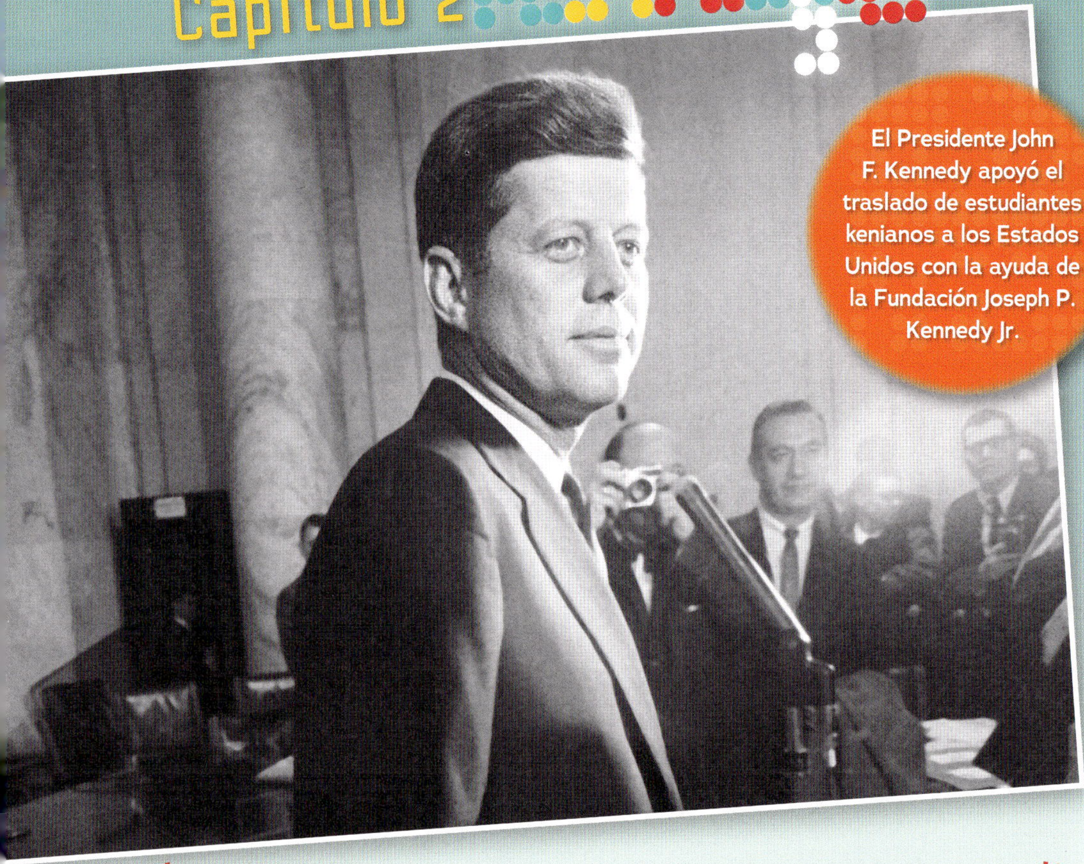

El Presidente John F. Kennedy apoyó el traslado de estudiantes kenianos a los Estados Unidos con la ayuda de la Fundación Joseph P. Kennedy Jr.

ENCONTRAR LAS RAÍCES EN LA EDUCACIÓN

Maathai amaba aprender y le iba muy bien en la escuela. Terminó la escuela secundaria en 1959 entre los mejores de su clase. Recibió un reconocimiento especial por sus buenas calificaciones. En 1960, Maathai recibió una **beca** de la Fundación

Joseph P. Kennedy Jr. La beca le permitió asistir a la universidad en los Estados Unidos.

Maathai pasó los siguientes años estudiando para obtener un título en biología en Mount Saint Scholastica en Atchison, Kansas. Luego obtuvo su maestría en biología en la Universidad de Pittsburgh. La investigación de Maathai se centró en cómo funciona la glándula pineal, un órgano diminuto del cerebro. Estudió las codornices japonesas para ver cómo se desarrollaba la glándula pineal durante la vida del ave. Aprendió a criar codornices a partir de huevos y observó como crecían hasta ser adultas.

La Universidad de Pittsburgh se fundó en 1787, y tiene muchos grandes edificios históricos.

CONVERSACIÓN TÉCNICA

"La educación, si significa algo, no debe alejar a las personas de la tierra, sino inculcarles aún más respeto por ella, porque las personas educadas están en condiciones de comprender lo que se está perdiendo".

—Wangari Maathai

El tiempo de Maathai en los Estados Unidos había sido gratificante, pero anhelaba volver a casa. Regresó a Kenia en 1966. Muchos cambios se habían producido durante su ausencia. El país había obtenido su independencia de Gran Bretaña. El pueblo de Kenia finalmente podía controlar su propio gobierno y futuro. Maathai quería ser parte de eso.

DESAFIAR LOS ROLES DE LAS MUJERES

En los Estados Unidos, en la década de 1960, las mujeres habían comenzado a disfrutar de muchas de las mismas libertades y oportunidades que los hombres. Pero las cosas eran diferentes en Kenia. Todavía se esperaba que las mujeres desempeñaran funciones tradicionales, como las tareas domésticas y la recolección de cultivos. Muy pocas veces trabajaban fuera del hogar o iban a la universidad.

Maathai no había regresado a Kenia para desempeñar un papel tradicional. En 1971, hizo historia al graduarse en la Escuela de Medicina Veterinaria de la Universidad de Nairobi. Fue la primera mujer en obtener un doctorado en África central u oriental. La determinación de Maathai para obtener un título avanzado a pesar de las expectativas de su comunidad le dio buenos resultados.

PROGRESO

Poco después de graduarse, Maathai se convirtió en la primera profesora mujer de la Universidad de Nairobi. Trabajar en la universidad era un honor, pero Maathai no estaba contenta con la forma en la que trataban a las mujeres que eran parte del personal. No recibían los mismos beneficios salariales y de vivienda que los hombres. Maathai reunió a un grupo de empleadas, y exigieron juntas un trato igualitario. Los líderes de la universidad las tuvieron en cuenta. Aceptaron algunos de los pedidos del grupo.

El primer intento de acción política de Maathai había sido un éxito. La experiencia le enseñó que, con demasiada frecuencia, las personas se aprovechan de las mujeres basándose únicamente en su género. Maathai sabía que las mujeres eran iguales a los hombres y quería ayudar a las mujeres de Kenia a luchar para demostrarlo.

Capítulo 3

Maathai sabía que los árboles tardan mucho en crecer y que la gente puede destruir los bosques rápidamente.

PLANTAR EL FUTURO

Después de su exitoso esfuerzo por obtener un trato igualitario para las mujeres en la universidad, Maathai quería seguir trabajando por las causas en las que creía, así que centró su atención en el medioambiente.

La **deforestación** se había convertido en un problema para Kenia. Se habían talado enormes bosques para tener más tierra disponible para la agricultura y las viviendas. Sin árboles para dar sombra, el suelo se secó. El agua se secaba rápidamente al sol. El rico suelo de Kenia se estaba erosionando o quedaba arrasado sin árboles que lo protegieran del viento y la lluvia. Los cultivos no podían crecer sin la tierra fértil que Maathai recordaba de su juventud. El país estaba sufriendo, y también lo hacía su pueblo.

Las personas talan árboles para usar la madera como combustible y para dar paso a edificios y carreteras.

CONVERSACIÓN TÉCNICA

"Son los pequeños aportes que hacen los ciudadanos. Eso es lo que marcará la diferencia. Mi aporte es plantar árboles".

—Wangari Maathai

La respuesta a la deforestación era simple, al menos en teoría. Comenzar a plantar árboles nuevos. Pero el el gobierno no tenía un programa para reemplazar los árboles que habían sido talados. En Kenia, durante muchos años se destruyeron más árboles de los que se replantaban. Maathai se propuso cambiar esta tendencia.

Maathai observó que muchas personas no entendían la importancia de los árboles. Si los bosques iban a volver a Kenia, ella iba a tener que ayudar a educar a las personas.

LA DEFORESTACIÓN DAÑA A LOS ANIMALES

Los bosques son hábitats extremadamente importantes para los animales. Los animales usan los árboles como alimento y refugio. Sin árboles, los animales se enfrentan a mayores amenazas de depredadores, así como a la exposición al viento, la lluvia y los desastres naturales. A medida que los bosques desaparecen, los animales deben realizar viajes peligrosos a través de carreteras y recorrer campos vallados para llegar a nuevos hábitats. Algunos animales dependen de ciertos tipos de árboles que pueden ser raros. La destrucción de esos árboles pone en peligro a las poblaciones de animales.

Capítulo 4

Muchas personas en Kenia dependen del carbón vegetal para cocinar y calentar sus hogares. La mayor parte del carbón vegetal proviene de los árboles.

ACTUAR

A principios de la década de 1970, Maathai buscaba una solución a la deforestación de Kenia. Comenzó en las áreas **rurales** que más sufrían por los bosques perdidos. Habló con mujeres que vivían en pueblos pequeños como Ihithe, su propio pueblo natal. Vio los problemas que les causaba la falta de árboles. Era difícil encontrar agua limpia y fresca. Las personas no tenían leña para cocinar y calentarse. La comida se estaba volviendo difícil de cultivar porque la tierra se secaba. Para sobrevivir y mantener a sus familias, estas mujeres caminaban largas distancias todos los días para encontrar agua dulce y leña. Maathai sabía lo que tenía que hacer.

La gente puede quemar bosques para despejar la tierra rápidamente.

EL MOVIMIENTO CINTURÓN VERDE

En 1977, Maathai comenzó un programa masivo de **reforestación** denominado Movimiento Cinturón Verde. Involucró a las mujeres que vivían en aldeas rurales. Les enseñó a plantar árboles con el objetivo de reforestar Kenia. Comenzaron de a poco, cultivando **plantines** en un vivero. A medida que los árboles crecían, se replantaban en todo el país.

El Movimiento Cinturón Verde debe su nombre a las largas filas, o cinturones, de árboles que plantó el grupo.

Maathai no solo hablaba de plantar árboles. A menudo, también ayudaba a plantarlos.

Maathai recibió ayuda de mujeres de toda Kenia. El Movimiento Cinturón Verde les pagaba por cada árbol que plantaban. El programa no solo ayudó a plantar millones de árboles, sino que también trajo dinero a las aldeas. Las personas volvieron a tener agua potable y leña, y el dinero ayudó a las familias a crecer y prosperar.

CONFLICTO CON LOS LÍDERES

No todos apoyaron el Movimiento Cinturón Verde. Maathai sabía que los líderes del gobierno de Kenia ganaban dinero con la deforestación mediante la construcción de edificios en las tierras que habían sido taladas. Querían que dejara de plantar árboles y de educar a las personas sobre los peligros de la pérdida de los bosques. Maathai se negó. La amenazaron, y varias veces fue arrestada y sufrió lesiones físicas.

El Movimiento Cinturón Verde plantó árboles en viveros como este antes de replantarlos en todo el país.

Maathai continuó alzando la voz. Animó a todos los kenianos a estar orgullosos de su país y proteger su medioambiente. Habló directamente con las mujeres de Kenia. Les pidió que se convirtieran en líderes en sus comunidades y protegieran la tierra. Dijo que tenían que enfrentarse a la injusticia y trabajar para hacer de Kenia un lugar mejor.

Maathai muestra un puñado de tierra fértil en Kenia.

CONVERSACIÓN TÉCNICA

"Hemos plantado más de 30 millones de árboles que proporcionan combustible, comida, refugio e ingresos para apoyar la educación de sus hijos y las necesidades del hogar. La actividad también crea empleo y mejora los suelos".

—Wangari Maathai

Capítulo 5

Maathai da un discurso durante su campaña para ser elegida para el gobierno de Kenia.

INSPIRAR A UNA GENERACIÓN

En 2002, Maathai fue elegida para formar parte del gobierno de Kenia. Fue nombrada viceministra de medioambiente. Continuó luchando por las plantas, los animales y el pueblo de Kenia. Dos años más tarde, Maathai fue reconocida por su continuo trabajo **humanitario**. Recibió uno de los honores más famosos del mundo: el Premio Nobel de la Paz.

El presidente Mwai Kibaki de Kenia estrecha la mano de Maathai para felicitarla por ganar el Premio Nobel de la Paz en 2004.

PLANETA VERDE

Según una estimación, hay más de tres billones de árboles en la Tierra. Pero, cada año, se talan unos quince millones. Esto afecta enormemente al clima, ya que los árboles emiten oxígeno y absorben gases que calientan el planeta. Los programas para plantar árboles, como el Movimiento Cinturón Verde, trabajan para asegurarse de que la Tierra tenga suficientes árboles.

Esta imagen satelital muestra áreas marrones donde los humanos han eliminado grandes porciones de bosques.

Maathai *(derecha)* planta un árbol con el presidente de Estados Unidos, Barack Obama, en 2006.

Maathai fue la primera mujer africana en recibir el Premio Nobel de la Paz. Su dedicación al medioambiente y su preocupación por las mujeres africanas habían dado sus frutos. El Movimiento Cinturón Verde plantó millones de árboles y empoderó a miles de mujeres kenianas. En palabras del comité del Premio Nobel de la Paz, "[Maathai] piensa globalmente y actúa localmente".

ENRAIZADA EN EL ÉXITO

Maathai falleció en 2011 después de luchar contra el cáncer. Pero su legado vive. El Movimiento Cinturón Verde ha plantado más de cincuenta y un millones de árboles en Kenia, y ha ayudado a innumerables mujeres. Los esfuerzos de Maathai también han inspirado a otros grupos ambientalistas. Han surgido organizaciones en todo el mundo gracias a su ejemplo. Todas están interesadas en mantener sana a la Tierra. Algunas se ocupan del agua limpia. Otras están interesadas en combatir el cambio climático. Y, por supuesto, hay programas que se enfocan en plantar árboles. La determinación y el amor por la naturaleza de Maathai inspiraron a estos grupos, al igual que los árboles y la tierra la inspiraron a ella.

CONVERSACIÓN TÉCNICA

"Nos debemos a nosotros mismos y a la próxima generación conservar el medioambiente para que podamos [dejar] a nuestros hijos un mundo sostenible que beneficie a todos".

—Wangari Maathai

LÍNEA DE TIEMPO

1940

Wangari Maathai nace en Ihithe, un pequeño pueblo de Kenia.

1960

Maathai gana una beca y viaja a los Estados Unidos para estudiar biología.

1971

Maathai se convierte en la primera mujer de África central y oriental en obtener un doctorado.

1977

Maathai inicia el Movimiento Cinturón Verde para reforestar Kenia y proporcionar empleo a las mujeres.

2002

Maathai es elegida para formar parte del gobierno de Kenia y se desempeña como viceministra de medioambiente.

2004

Maathai recibe el Premio Nobel de la Paz por sus contribuciones al medioambiente, la democracia y la paz en África.

2009

Maathai se convierte en Mensajera de la Paz de las Naciones Unidas y se centra en el medioambiente y el cambio climático.

2011

Maathai fallece en Nairobi, Kenia.

NOTAS SOBRE LAS FUENTES

7 Wangari Maathai, *Unbowed: A Memoir* (Nueva York: Anchor Books, 2007), 45.

12 Ibid., 138.

16 "Words to Live By—a Tribute to Wangari Maathai," Project Learning Tree, visitado el 10 de marzo de 2017, https://www.plt.org/educator-tips/words-to-live-by-tribute-wangari-maathai.

23 Wangari Maathai, "Nobel Lecture," Nobelprize.org, 10 de diciembre de 2004, http://www.nobelprize.org/nobel_prizes/peace/laureates/2004/maathai-lecture-text.html.

27 "The Nobel Peace Prize," Green Belt Movement, visitado el 10 de marzo de 2017, http://www.greenbeltmovement.org/wangari-maathai/the-nobel-peace-prize.

28 Joseph Kabiru, "Farewell Wangari Maathai, You Were a Global Inspiration—and My Heroine, *The Guardian* (edición de EE. UU.), 26 de septiembre de 2011, https://www.theguardian.com/global-development/poverty-matters/2011/sep/26/farewell-wangari-maathai-my-heroine.

GLOSARIO

beca
dinero otorgado a un estudiante para pagar su educación

deforestación
el proceso de cortar o talar bosques

humanitario
trabajo para mejorar la vida de los demás

plantines
plantas jóvenes que acaban de brotar de semillas

reforestación
plantar árboles para crear nuevos bosques

rural
en el campo, no cerca de una ciudad

MÁS INFORMACIÓN

LIBROS

Cornell, Kari. *Bióloga urbana Danielle Lee*. Mineápolis: Lerner Publications, 2016. ¿Te gustaría aprender más sobre la tarea de los biólogos? Lee este libro sobre Danielle Lee.

Hustad, Douglas. *Científica y activista animal Jane Goodall*. Mineápolis: Lerner Publications, 2017. Descubre cómo Jane Goodall siguió su pasión por los animales y ayudó a que los científicos entiendan su comportamiento.

Kalman, Bobbie. *Foco en Kenya*. Nueva York: Crabtree, 2013. Más información sobre la vida silvestre, la tierra y el pueblo de Kenia.

SITIOS WEB

Kids for a Clean Environment

http://www.kidsface.org

Lee sobre niños de todo el mundo que están marcando la diferencia en su medioambiente al plantar árboles, reciclar y mantener las cosas limpias.

KonnectHQ

https://www.konnecthq.com/

Visita este sitio web para obtener más información sobre una amplia gama de temas científicos.

Plant a Tree

https://www.usgs.gov/science-support/osqi/yes/resources-teachers/plant-a-tree

Este sitio web del gobierno de EE. UU. tiene instrucciones detalladas para plantar árboles.

ÍNDICE

ACERCA DE LA AUTORA

Jennifer Swanson es autora de más de veinticinco libros de STEM para niños. Siempre le complace aprender sobre mujeres pioneras que han ayudado al mundo a través de su amor por la ciencia.